x Alice, domenica

• MARIA CURIE: 1903, Esperimento [...] u
radiazione emessa da sostanz[...]

Dalla tesi di dottorato su: Recherches sur les substances radioactives", Università di Parigi 1903, disponibile in rete in PDF in versione integrale.

L'esperimento è descritto alle pagine 8 e 9.

→ La radiazione emessa dalle sostanze radioattive ionizza l'aria e quindi, in presenza di un campo elettrico, la rende capace di condurre elettricità. Marie Curie vuole misurare quantitativamente questa corrente. Per questo ha bisogno:
- di materiale radioattivo
- di un campo elettrico
- di un sistema di misura della corrente elettrica che sia molto sensibile, perché so che le correnti elettriche generate sono molto deboli.

→ È noto che un campo elettrico (uniforme) si genera tra due piastre conduttrici (es. metallo) affacciate l'una all'altra: una volta che anche solo una faccia (detta piastra, o anche armatura) sia stata caricata con una certa carica +Q, una carica uguale ed opposta −Q si genera sull'altra faccia per induzione, e quindi nel mezzo tra le facce (dove si trovi aria o un qualunque altro materiale dielettrico non conduttore di elettricità) si genera un campo elettrico uniforme le cui linee di forza sono come in figura

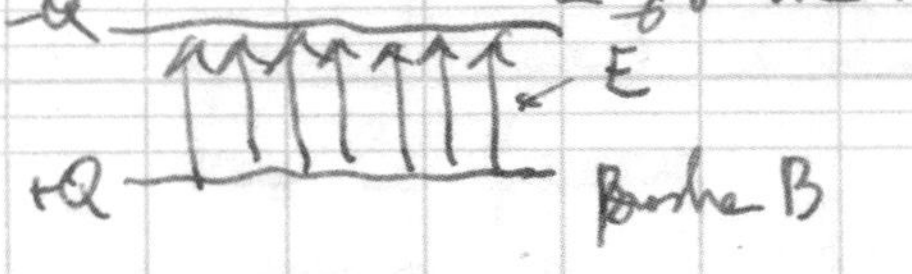

칠흑에서 가장 찬란한 빛으로

마리 퀴리

알리체 밀라니 지음
박종순 옮김

BH balance harmony

알렉산드로에게

아! 우리는
친절을 위한 터전을 마련하려 했지만
우리 스스로 친절하지는 못했다.

베르톨트 브레히트의 〈후손들에게〉 중

일러두기

이야기 속 마리, 마리아, 마냐는 모두 마리 퀴리를 지칭합니다.

1936년 현재, 파리
에브,
Paris
에브, 친구분 오셨어.
Paris
곧 내려간다고
말해줘, 언니.

그래.
동생은
금방 내려올
거예요.
감사합니다.
괜찮습니다,
마담 이렌느.
차 한 잔
드릴까요?
신경 쓰지 마세요.

1889년, 폴란드의
작은 마을 슈추키

바르샤바에서 있었던 일을
전부 다 얘기해주렴.
대학 수업은 어땠니?

아주 좋았어요, 어머니.
농업 교수님은
절 아껴주신답니다.
들어가도 될까요?

들어 오거라,
마냐.

카시미에쉬!

오, 카지크!!
이쪽은 새로운 가정교사
마리아란다.
뛰어난 아이야.
불어도 할 수 있고.
바로 얼마 전에 바르샤바의 학교를
졸업하며 우등상도 받았지.
안지아가 숙제를 마쳤으면
데리고 오너라.
예, 부인.

예쁘네….
불쌍한 아이야.
헛꿈 꾸지
말거라.
왜요?
음,
그게…
아버지는 실직했고
어머니는 결핵으로
죽었다지.
참 안된 일이야.

그 애 아버지는
얼마 전까지만 해도
시내 학교의 교장
선생님이었지….
학식도 있고.
확실히
그때…
운 나쁘게
차르의 앞잡이에게 들켰어.
수업은 전부
러시아어로만
해야 하고
폴란드 말은
못 쓰게
강제했단다.
결국 적발되는
바람에 쫓겨났다지.
흠….
올라가
볼게요,
어머니.
어디
가니?

똑 똑
JE VOUDRAI~ (나는 ~하고 싶습니다.)
-S
QUE TU ARRETÉ~(당신이 멈추기를)
ARRÊTAIS (멈췄다.)
아이고!
그치만, 발음이 똑같잖아요!
그래, 하지만 곡절악센트가 있어야지.
들어가도 될까요?
….

바르샤바에서 오셨다고요.
난 거기서 대학을 다니고 있어요.
행운아시군요.
당신은요?
뭘 공부하고 있니?
아, 불어구나!
안지아, 가서 물 한 잔 가져오렴.
이 r발음들 하시느라 숙녀 분께서 목이 마르실 거야. 그렇죠?
어서 가.

사랑하는 브로냐 언니.
며칠만이라도 바르샤바에 돌아갈 수 있으면 좋으련만….
옷들이 여기저기 다 해져서 손봐야 하지만
그런 건 아무래도 상관없어.

누가 이 차갑고 얼어붙은 공간에서
날 좀 꺼내 줬으면….
안지아, 앉거라!
ASSIEDS-TOI.
(자리에 앉아라.)
LA FOURCHETTE!
(포크!)
내 말과 표정, 태도까지 끊임없이 감시하고
비판하는 이곳에서 말이야.
테이블에서
팔꿈치 내려야지!
가난한 여자와
결혼하고 싶지 않으면
지옥에나 가라지!
누가 애걸한 것도
아닌데….
가도 좋아.

왜 순진한 여자의 마음을
어지럽혀서 이토록
상처를 주는 걸까?
안녕히 주무세요,
부인.
내 장래의 계획?
그런 건 없어.
너무 하찮아서
말할 가치조차 없을지도.

한때 있었더라도
이제는 연기 속으로 사라졌어.
묻혔고,
잠겼고,
숨겨지고 잊혀졌지.

사랑하는 동생 마냐,
너도 이제 네 자신의 인생을 위해 뭔가를 해야 하지 않겠니?
올해 안에 몇백 루블쯤
모을 수 있으면 파리로 와서
우리랑 같이 살자.
너라면 틀림없이 2년 안에
졸업할 수 있을 거야.

결정을 내려야 해,
너무 오래 기다렸잖아.

잘 생각해 봐. 너랑 결혼하지 않기로 한
카시미에쉬 때문에 네 재능을 낭비해선 안 돼.
난 알아, 네가 할 수 있단 걸.

브로냐!
마냐!
여행은 어땠니?
으….
너무 길었어!

1891년, 파리

BRASSERIE LE DOME

이 두 수열 f와 f_1의 계수 값들을 어떻게 정할 수 있을까요?

x_m이 f에 있는 μ^m의 계수이고 y_m은 f_1에 있는 μ^m의 계수라면…

고로 다음의 방정식들이 x_m와 y_m를 정한다는 것을 알 수 있고,

$$\frac{dx_0}{dt} = \varphi(x_0, y_0, t_0, 0),$$

$$\frac{dx_1}{dt} = \frac{d\varphi}{dx_0}x_1 + \frac{d\varphi}{dy_0}y_1 + X_1,$$

$$\frac{dy_m}{dt} = \frac{d\psi}{dx_0}x_m + \frac{d\psi}{dy_0}y_m + Y_m,$$

따라서 이렇게 유도되고

$$\int_0^x \varphi(x,y)\,dx < \int_0^x \psi(x,y)\,dx$$

x_m와 y_m은 다음 항들의 급수로 발전하고,

$$x_1, y_1; x_2, y_2; x_{m-1}, y_{m-1}$$

그리고 한편으로는 x_0, y_0와

그리고 0에 의해 결정되는데,

이제 방정식들을 써보면

$$\begin{cases} \dfrac{dx}{dt} = \varphi'(x, y_1) \\ \dfrac{dy}{dt} = \psi^1(x, y, t, \mu) \end{cases}$$

이렇게 된다는 걸 쉽게 알 수 있죠.

$$\varphi_0 \ll \psi_0, \ (\text{arg. } x_0, y_0),$$

$$\varphi_1 \ll \psi_1, \ (\text{arg } x_0, y_0, x_1, y_1)$$

적분 계산과정에서 y는
잠정적으로 상수로
취급해야 함을
이해해야 합니다.

앞 숫자에 제5공리가
잘 적용됨을 볼 수 있고,
이게 증명하는 바는…

S가 $x_1, x_2, \cdots, x_p, h_1, h_2, \cdots, h_p$의 어떤 함수이고, 다음이 성립할 때,
$y_1 = \frac{dS}{dx_1}, \quad h_1 = \frac{dS}{dh_1},$
쉿!
함수의 정준 형식은 변하지 않는다는 사실입니다.
어떻습니까? 이해가 되나요?
그녀가 어디서 왔는지 알아냈어?
말은 안 해봤지만 아마도 독일일걸.
$\lambda y_1, \lambda y_2, \cdots$와 λF 안에 있는 $y_1, y_2, \cdots, y_n$와 F를 교환해도 그대로이고…

이야기해 본 거야?
그러고 내겐 한마디도
안 했고?
아니,
그게….
이제 16쪽의 변수들을 취하면, 그것은….
쉬잇!!!
이거 실례했습니다,
아름다운 독일 아가씨!
….
공부는 잘 되나요?
조심해요, 아가씨.
그렇게 공부하단 눈 다 망쳐요.
하하! 눈이 혹처럼
튀어나오면
나중에 남편은
어떻게
찾겠소?

쳇!
아름다운 독일
아가씨라고?
바보들….

1895년, 뷔르츠부르크
베르타!
베르타!
무슨 일이에요?
여기 당신 손을 놔 봐요.
오래 걸려요?
지금 비스킷을 굽는 중인데….

움직이지
말아요.
BZIUKK
잘 나왔어요?
….
?!?
아아아앗!!!

띵 똥
나갑니다!
마리!
들어오세요.
언니는 이미
도착했답니다.
마냐!
안녕,
브로냐.
어떻게
지내니?
조금 피곤해
보이는구나.
아냐, 무슨
소리야!
수업은
어떠니?
뭐,
그럭저럭….
여기,
스카프는
이리 주렴.
마리!
여기요!
소개해 줄 사람이
있어요!

여긴 친애하는
내 동료, 피에르.

여긴 마리야.
피에르를 처음 봤을 때 생각했다.
마리 스크워도프스카라고 소르본대학원 학생인데, 뛰어난 재능을 갖고 있다네.
소르본에서 실험실을 찾는 중인데.
자네가 뭔가 말해줄 수 있는 게 있을 거야, 그치?
반갑습니다.
파리 물리화학산업학교(EPCI)에서 근무하는데 실험실을 담당하고 있어서 도움이 될 거예요.
저도 반가워요.
그렇지, 피에르?
뛰어난 물리학자이고 아주 탁월한 능력을 가졌죠!
아,
집사람이 부르는군요.
이 남자 정말 잘 생겼네.

마리 스크…
스크워도프스카예요.
폴란드에서 왔고요.
소르본에 계시다고요?
우수 어린 분위기에
생각에 잠긴 듯한 표정….
학위과정을 하고
있어요.
수학학위요.
물리학위 과정은
이미 마쳤고요.
이건 두 번째
학위예요.
오!
흥미롭군요.

콜록!
콜록!
그러면
어떤…
콜록!
콜록!
?
실례….
어떤…
제 말은, 어떤
주제를 연구하고
계시는지?
아! 금속에
대해서요.
개중에는 자기장에
다르게 반응하는
것들이 있죠….
더 흥미로워지네요!
하지만….

그리고 금세 깨달았다.
다 준비됐습니다!
그는 정말, 정말 지적이었고
브로냐의 여동생 분은 상석으로!
사물에 대한 정확하고 깊은 안목과 놀라운 지성을 갖추고 있었다.
그렇지만 여기선 텅스텐을 찾기가 힘들더군요…. 혹시 제게 조금 주실 수 있을까요?
시간 괜찮으시면 내일 EPCI로 오세요.
그것은 어떤 사람들과도 다른 새로운 것이었다.
어딘지는 아세요? 실험실도 보여드리고 뭔가 당신을 도울 게 있는지 살펴보지요.

고맙습니다.
당신이 거리를 조용히 걷고 있는데….
광선 안경을 쓴 어떤 사람이…
왁!!
치마 속을 보는 거야!
미친 소리 같지, 응?
너희들도 읽어봤지?
뢴트겐이란 독일 사람이 발견했다는
광선을 말하는 건가요?

살을 뚫고
보는 거지.
이건
마법이야!
무슨 말을 하는
거예요, 형부?
신문 기사를 제대로
읽은 것 맞아요?
뭔가 다른 설명이 있을 거예요.
아직 못 찾았을 뿐이죠.
여기 오늘자
신문이 있네.
여기 있어, 읽어봐!
근데 이 기사
누가 쓴 거지?
….
LE JOURNAL
I RAGGI X
Fenomeno scientifico o
paranormale?
미지의 X선
과학적 현상인가?
초자연적 현상인가?
전문가에 물었다.

콜록 콜록
물리화학
산업학교
EPCI
안녕하세요, 마리.
안녕하세요, 피에르.
들어갈까요?
E.P.C
피에르!
안녕, 폴.
오, 피에르.
부탁할 게 있는데요.

잠시만요,
아가씨.
나중에
피에르.
무슨 일이야?
저 대신
이 800프랑을 좀
맡아주세요.
?
아무 것도
묻지 말고요.
잔느 때문이에요.
그녀가 알면 다 가져가
버릴 거예요.
폴!
또 싸운 건가?
말다툼 중이죠.
?
괜찮은가요?
아, 예.
아무 일도
아니에요.
여기
있었군요.
누구시죠?
잘 가게, 폴!
저 친구는 폴
랑주뱅이랍니다.

내 학생이었는데,
지금은 동료죠.
아주 훌륭한
물리학자이자
친구예요.

먼저 들어가세요.
오!
여기가 당신 실험실인가요?
작고 단출하지만 아늑한 공간이죠.

여기서 어떤 연구를 하고 계시나요?
결정에 대해 몇 년째 연구하고 있답니다.

저와 제 형 자크가
특정한 결정에 압력을 가하면
결정구조가
변형된다는 걸
발견했죠.
두 면이 분극되면
전위차가 발생하게 되고
전하들이
정렬하게 되죠.
빗질을 한 것처럼요.
비대칭적인
구조 때문인 게
확실해요.
그림 그린 걸 어딘가
놨는데….
측정은
하셨어요?
뭐라고요?
전위차 말이에요.

우리가 만든 이 도구 안에는….
수정결정이 들어 있죠.
여기에 놓고 무게를 재나요?
그렇죠.
수정에 하중을 가하면 전하를 방출하는데, 이걸 고전적 사분면 전위계로 측정하는 거예요.
멋지네요!

그럼 형님도 과학자이신가요?
예.
당신은요? 형제가 있나요?
예, 바르샤바에 조지오 오빠랑 헬레나 언니가 있어요.

브로냐 언니는 이미 만나셨죠? 지금 파리에서 형부와 같이 살고 있죠.
그분들과는 따로 지내고요?
예.
근처에 방을 하나 얻었어요. 해야 할 게 너무 많거든요.
형부가 어떤지 보셨잖아요….
형부가 집에 있으면 그 집은 항상 파티죠! 도저히 공부를 할 수 없답니다.
어디 가서…
뭐 좀 먹을까요?
지금요?
제 말은, 오늘밤이요?
그러니까….
안 될 것 없죠!

처음엔 어려웠나요?
소르본에서의 수업 말입니다.
아, 예. 격차가 있었죠. 가정교사일 때 혼자 공부하려고 노력했지만 쉽지는 않았어요.
거기다 실험실도 없었고요.
아
그렇군요.
여기…
비켜요!!!
죄송합니다!

피에르!
제발
조심하세요!
당신 말이 맞아요.
내가 이렇게 산만하다니까….
제 말은…
졸업 후에 뭘 하고 싶으시냐는 겁니다.
당연히 폴란드로 돌아가야죠.
거기서 교육을 통해서 사회가 발전하는 데 제 힘을 보태고 싶어요. 아시겠지만 바르샤바에는…
이동대학이라고 부르는 네트워크가 있어요. 숨어서 수업을 받는 거예요.
우리나라를 위해서 너무도 중요하고 야심찬 계획이죠!
두 분 이신가요?

우리나라에서는
그것 때문에
체포될 수도 있어요.
불쌍한 내 조국을 지배하고 있는 러시아인들은
폴란드에서 몰래 공부하는 걸 적발하면 바로 감옥에 집어넣어 버리죠.
끔찍한 일이에요.
내 사촌 하나는
화학자인데,
상트페테르부르크에서 멘델레예프의 제자였죠.
그가 비밀리에 청년모임을 조직하고 있어요.
그들은 해방된
폴란드에서 과학자와
지식인이 될 거예요.
각자가
있는 힘껏
노력하지 않고서
더 나은 세상을
만들 수는
없으니까요.
그렇게 생각하지
않으세요?
마리….

그런 식으론
사회질서를 바꿀 수
없어요.
충분한 시간을 두고
잘 생각해보시오.
사회문제는
이해만으로도
너무 복잡한
메커니즘이에요.
변혁하는 건
고사하고 말이죠.
그러나 과학을
통해서는 무언가를 이룰 수
있습니다.
과학은 단단한
기반 위에 있고,
모든 발견은 인류를
한걸음 앞으로
나아가게 합니다.
여기서 우리는 진짜로
진보를 이룰 수 있다고요.

마리,
당신은 연구를 해야 하오.
여기 파리에 남아요.
이해를 못하시는군요!
저는 책임이 있어요. 제 아빠와,
언니들
내 조국…
그렇지만
이성적으로 생각해봐요.
파리에 남는 것이 당신이 사랑하는 폴란드로부터 당신을 떼어놓는 일인가요?

1894년 여름, 바르샤바
Pierogi

나의 친애하는 벗, 마리.
당신이 10월에 반드시 돌아온다는 답장을 보내준다면,
PARA
SOU
24

그 어떤 소식보다 가장 기쁜 소식이 될 거요.
그렇다면 정말 행복할 것 같소.
아빠!
내 바람이 당신을 난처하게 할 수 있다는
것을 알기에, 재차 이야기하지는 않겠소.

내 형 자크에게 당신 사진을
보여줬소. 내가 잘못한 건가요?
형은 당신이 아주
멋지다고 하더군요.
무프타르 거리에 있는
작은 아파트는 어떻소?
빌려서 나와 함께
살지 않겠소?
덧붙이자면
그는 단단히 결심한 듯했다.

창가에서 정원이 한눈에 보인다오.
….
피에르, 우리 그 문제는 서두르지 말아요.
TERMINUS NORD
Brasserie
한동안 실험실을 나눠 쓸 수 있잖아요.

실험실을 나눠 쓴 지 1년 만에 피에르와 나는 결혼을 했다.
그렇지만 사랑하는 조국 폴란드와
아버지로부터 멀리 떨어져 파리에서 일생을
보내야 한다는 생각에 괴로웠다.
하지만 내가 뭘 할 수 있을까?
운명이 우리를 단단히 묶어 놓았고
헤어진다는 건 생각도 할 수 없었다.

1936년 현재, 파리
이게 당신인가요?
어머니 퀴리 부인이랑 같이?
예.
그럼 여기는요?
여긴 어딘가요?

미국으로 가는
배에서 찍은 거네요.
엄마가 순회강연을
하러 가셨죠.
이게 에브죠?
예.
그리고 이건
당신이고요.
정말 인상적이네요!
많이
닮았네요,
그렇죠?
음….
그렇게
보이나요?

1896년, 파리
똑똑!
앙리?
들어가도 될까요?
들어와요.
앙리.
말씀드릴 게 있어서요.
말씀하세요, 베크렐.
당신을 존경하는 마음과 우리의 우정을 생각하면
무슨 일입니까?
당신을 귀찮게 하고 싶지 않았지만….
이게 유례없이 설명되지 않는 경우라서요.
이건 정말 당황스러운 데요!
보시다시피 그림은 명백합니다.
저런!
그렇지만 뭐가요?
이해가 안 되는군요!
광선이 물질을 뚫고 지나갔다고요. 저는 도저히….

설명을 할 수가 없네요.
전 평소대로 인광에 대한 실험을 하고 있었죠.
연구를 위해 우라늄 시료를 이렇게 가져왔고요.
어떤 일이 일어나는지 한번 볼까? 하면서요.
판을 현상했는데
전부 다 타버린 겁니다.

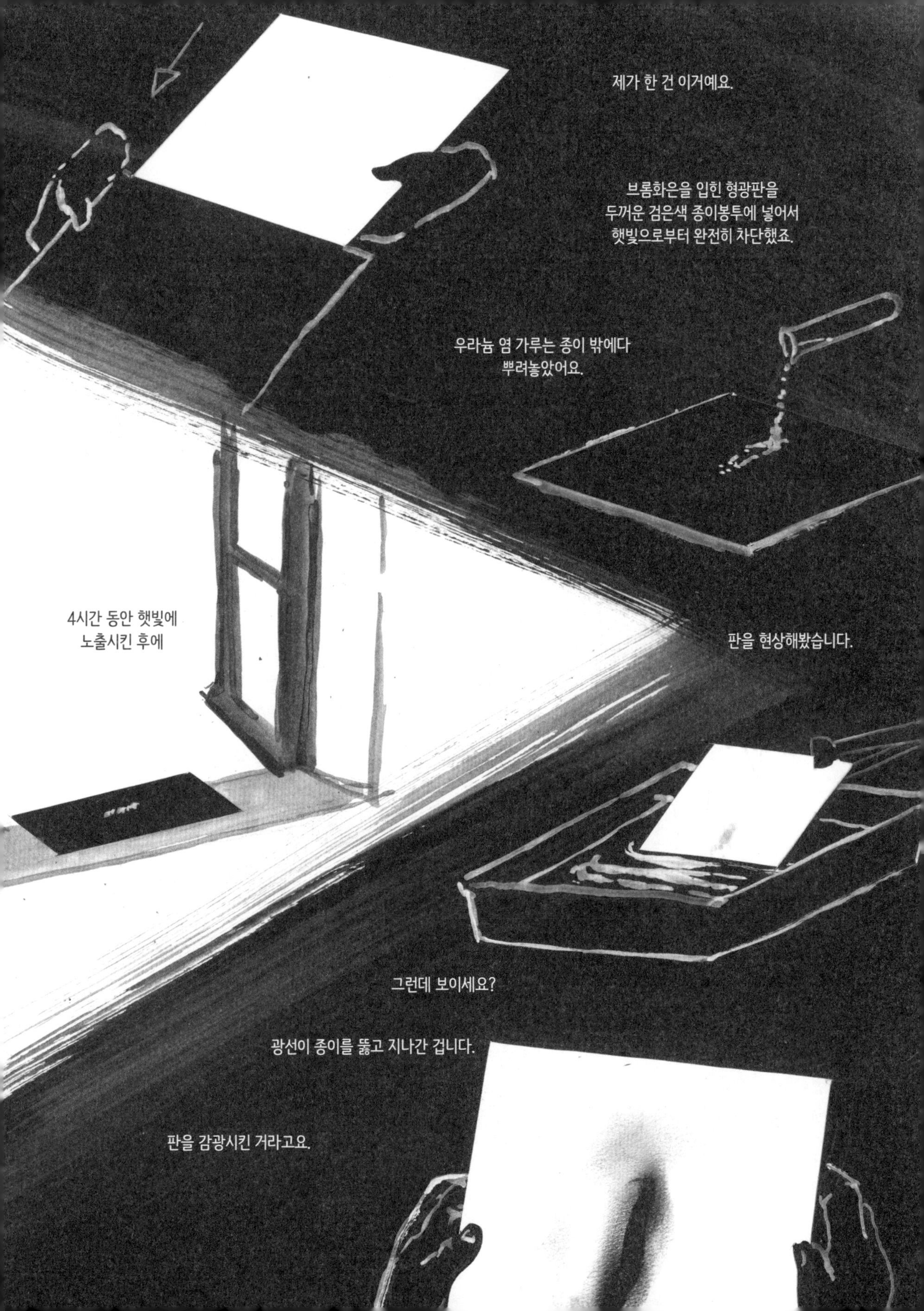
제가 한 건 이거예요.
브롬화은을 입힌 형광판을
두꺼운 검은색 종이봉투에 넣어서
햇빛으로부터 완전히 차단했죠.
우라늄 염 가루는 종이 밖에다
뿌려놓았어요.
4시간 동안 햇빛에
노출시킨 후에
판을 현상해봤습니다.
그런데 보이세요?
광선이 종이를 뚫고 지나간 겁니다.
판을 감광시킨 거라고요.

흠, 흥미롭군요.
뢴트겐의 X선과 같군요.
아닙니다.
이건 전혀 다른 문제예요.
그는 아주 높은 전압의 전류를 사용해서
진공관에 에너지를 투입했죠.
물론 그러면 전자들이 진공관 벽에 부딪히면서
쾅!!!
급작스러운 감속 때문에
눈에 보이지 않지만 투과성이 있는 X선이 발생하는 거죠.

그렇지만 여기서는 경우가 다릅니다.
전 아무것도 안 했거든요.
아마도 태양광선이 우라늄에 영향을 줘서….
아뇨!
그럴 리가 없습니다.
들어보세요. 완전히 새로운 사진건판으로 같은 실험을 반복했습니다. 같은 방식으로 감싸고 우라늄 염과 접촉시켰죠.
이번엔 햇빛에 노출시키지 않았습니다.
그런데도 여전히 같은 현상이 일어납니다.
그러니까 어둠 속에서요?
예.
닫힌 서랍 안에 3일간 놔두었죠.

음.
이상하군.
시간이 지나 이 현상이 약해진다면
어쩌면 그건 다른 것보다 오래 지속되는 인광의 한 유형이 아닐까요?
아니라니까요. 어두운 곳에 몇 달을 놔둬도 그대로란 말입니다.
!!?
당신 말은 우라늄이 자발적으로 광선을 방출한다는 건가요? 아무런 외부 자극 없이?
그렇다면 이건 더 이상 인광현상으로 취급할 수 없겠군요.
이건 에너지가 축적되었다가 나중에 방출되는 게 아닌데.
그렇다면 이 에너지는 뭐지요?

우린 지금
완전히 다른
차원의 현상에
직면한 거예요.
엄마,
엄마라고 해봐.
바우 바바 우이
바바가 아니고
엄마!
바
맙소사. 많이도
누었네, 이렌느!
기저귀
갈자꾸나.
으아음
피에르.
그거 읽었어요?
우우- 아아이우!

당신, 뭐라고 했소?
베크렐에 관한 기사 읽었냐고요.
우!
물질을 투과한다고 하는
우라늄에서 방출되는 광선에 관한 이야기 말예요.
그것에 대해 한동안 생각해봤는데요.
마음을 정했어요.
그걸로 박사학위를 할까 해요.
좋은 생각이야!
이건 새로운 현상이라 아무도 연구한 적이 없지.
그리고 저기… 수정으로 만든 기구도 빌려주실래요?
좋아요.
그걸로 뭘 하려고?

조사량(照射量)의 측정 =
활성물질의 영향 하에서
공기 전도도의 측정
흐린 날.
공기의 전도도가
증가할 가능성이 있지.

콜록!
콜록!
밖도 아니고 실험실 안에서
6도라니!!!

내가 만약 평행판 축전기를
만든다면….

두 개의 판이 있고
A
B
그중 하나에는
우라늄 가루가 포함된
물질을 얇게 도포하면
두 판의 사이에
있는 것은
공기뿐이지.
하지만 만약 아래 판을
A
B
배터리에 연결하면
P
부하가 걸리고
우라늄이 공기를
전도체로 바꿀거고
A
B
P
그러면 전류가
흐르게 되겠지.
E
이제
윗 판을 전위계에
연결할 수 있어.
흠
확실히….
오류가
발생할
여지가 있군.
전하가 너무
약하고
E
기구는 그리 민감하지
않으니까….
그러나
잠깐만…

만약 대신에 크기가 같은
반대 전하로 상쇄시키면
수정 압전기로부터
나오는 전하로?
Q
마치 제로 실험을
하는 것 같이!
Q
전위계 눈금을
확인하면서
π
천천히 무게추를
올려주고….
수정에 압력을 가하면
전류가 발생하고
가해준 무게에 기초해서
그 값을 얻을 수 있지.
E
그러면 항상
전위계의 눈금을 0으로
맞출 수 있어!
A
B
Q
그런 다음 측정할 시간을
설정해서….
p
π
terra
활성 물질이 발생시킨
전류 값을 얻는다!

주어진 시간 동안 축전기를 통과한
전류의 절댓값을 얻을 수 있고
이 측정은 전위계의 감도와는
관계가 없게 되지.
terra
우라늄에서 나온 광선이
사진건판을 감광시킨 건
의문의 여지가 없어.
하지만 그 세기는
어떨지?
어떻게 이렇게
일정할 수가 있지?
조금도 줄어들지
않잖아?

그 원천은
뭘까?
에너지는 만들어지거나
없어지지 않는다는 건
열역학의 제1법칙이야.
어쩌면 이 무거운 입자는
주위 대기에 이미 존재하던
에너지를 흡수했다가 다시 방출할 수
있을지도 몰라.
아니면 원자 자신으로부터
나오는 힘일까?
흠!
우선 샘플이 필요해.

제 아버지
알렉산더 에드몽 베크렐은
인광현상을 오랜 세월
연구하셨죠.
당신 아버지도 역시
과학자셨군요.
물론이죠.
저희 할아버지도요.

두 분 다 과학아카데미의 영예로운 회원이시죠.
그렇군요.
인광현상은 항상 제 상상을 자극합니다.
우라늄의 이 현상은… 매혹적이죠.
알고 있습니다. 전 선생님의 논문을 모두 읽었거든요.
지금 광물이 필요하시다고요?
어디 보자….

전 교수님께서 발견하신
우라늄의 영향 하에서
공기의 전도도를 연구하고 있습니다.
제가 알고 싶은 건 우라늄 말고도
공기를 전도할 수 있게 만드는
다른 물질들이 있을까 하는 거예요.
아!
흥미로운 주제군요!
그렇다면
잘 오신 겁니다.

이건 토바나이트 샘플이라오.
훌륭하지 않습니까?
그리고 이건요?
역청우라늄이죠.
오스트리아 요하임스탈
지역에서 가져온 거죠.
역청
우라늄이라….
그렇군요.
여기 소장이 내 절친한 친군데,
과학적 목적이라면 주저없이 빌려줄 거요.

E
Q
A
B

1898년, 파리

나는 수많은 금속과 염,
산화물과 광물을 시험했다.

연구했던 우라늄 화합물은
전부 활성을 띠었고,
우라늄 함량이 많을수록
더 활성을 띠었다.

역청우라늄과 방해석,
이 두 개의 광물은
우라늄 자체보다 더 활성을 띠었다.

이건 매우 놀라운 사실이고,
이 광물들이 훨씬 더 큰 활성을 띤
우라늄 요소를 포함하고 있다고
볼 수밖에 없다.

아니라고요?
MOUTARDE de dijon
그렇게 생각하지 않는다고요?
그래, 그래.
아니, 내 말은 그게 어떻게 가능한가 하는 거지.
어떤 광물 화합물도 금속 우라늄보다 더 활성을 띨 수 없잖아!
실제로는
분명히 우라늄보다 더 활성을 띤 원소가 섞여 들어갔을 거예요.
다른 원소라고?

확신하오?
그럼 우리가 그걸 어떻게 분리해 내지?
우리요?
당신만 괜찮다면 내가 돕고 싶소.
그렇지만, 피에르.
사양하지 말아요.
당신 연구는 어쩌고요?

그건 나중에도 할 수 있지.
오, 피에르.
우리가 그걸 발견하면…
우리가 분리에 성공하고, 그게 새로운 원소라면 말이죠.
저는
폴란드 이름을 따서 폴로늄이라고 부를래요.
당연하지, 안될 것 있나?
폴로늄이라,
듣기 좋군, 안 그래?

안녕, 쟝!
언제나 한 쌍의 비둘기 같은
퀴리 부부가 여기 있었구만.
일에 대해 얘기하는 중이었어요.
여기 앉게나!
살라미 하나 드실래요?
샌드위치 하나 들게.
괜찮습니다. 전 먹었어요.
사람들이 뭔가 하역하고 있던데.
오스트리아에서 왔다고 하더군.
도착했구나!
슐츠가 안절부절 못하고 있던데….
내 역청우라늄!

이게
마지막입니다.
휴!!
마담 퀴리??

연구소 마당을
온통 뒤덮은
이 자갈들은
다 뭐요?
이건 자갈이 아닙니다,
소장님. 우라늄 광산에서 나온
부산물입니다.

누가 당신에게
이 쓰레기로
마당을 뒤덮으라고
허락해 준 거요!!
지금
뭐라고요?
쓰레기요??
연구를 위해서 재료들을 들여와 죄송하네요.
제가 너무 뻔뻔했어요.
몇 톤이나 되는
역청우라늄을
제가 직접 처리하는 게
그렇게 싫으시면
이걸 공장에서
처리할 돈이라도
주시던가요!!
알았어요.
너무 열 내지
마시오, 부인!

난 그저 이것들이 마당을 다 덮고 있으면 안 된다는 거요.
연기가 많이 나서 실내에서는 역청을 끓일 수가 없어요.
숨도 쉴 수가 없다고요!
그러면 옛날 해부학 교실을 쓰시오. 거긴 아주 넓어요.
그곳이라면 공간이 충분할 거요.
밝고 환기도 잘 되고….
창문도 없는데 환기가 잘 된다고요?
이야기 다 된 거요!!

정리 끝!!

NOTES
4년 이상 지속해 온
본 연구의 목적은 방사성 물질을
규명하는 것이었습니다.

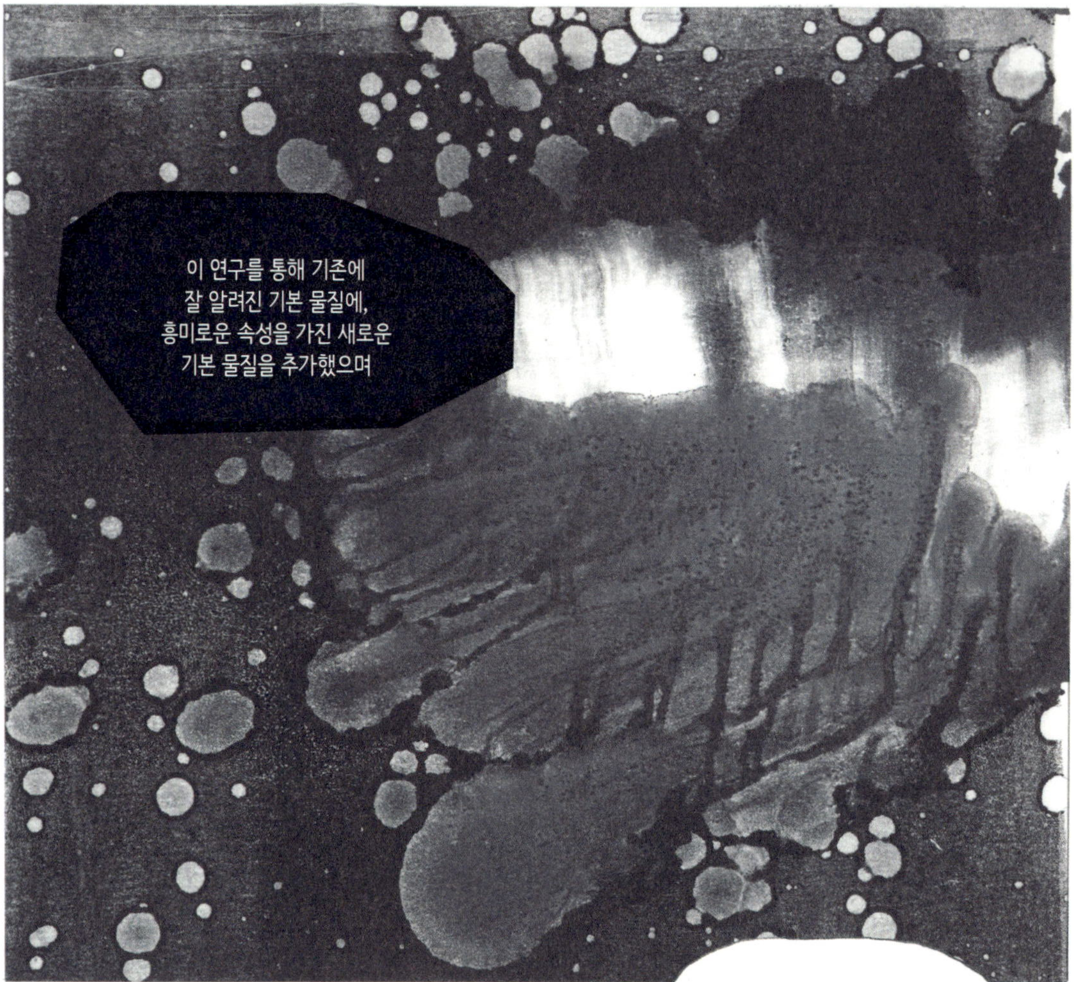
이 연구를 통해 기존에
잘 알려진 기본 물질에,
흥미로운 속성을 가진 새로운
기본 물질을 추가했으며

1903년, 파리 소르본대학
동시에 새로운 연구방법도
수립했습니다.

방사능에 대한 연구의 기초가 되는 방법인데,
이는 우리가 이 가설적 물질에 대해 다른 성질을 몰랐기 때문입니다.
우리가 탐색을 위해 방사능을
사용한 방법은 이것입니다.
방사능에 의한
생성물을 측정하고

이 생성물을 화학적으로
분리했습니다.
모든 생성물의 방사능을 측정하면
방사성 물질 두 가지가
하나로 통합되어 있거나
아니면
두 가지가 어떤 비율로
나뉘어져 있음을
알 수 있습니다.

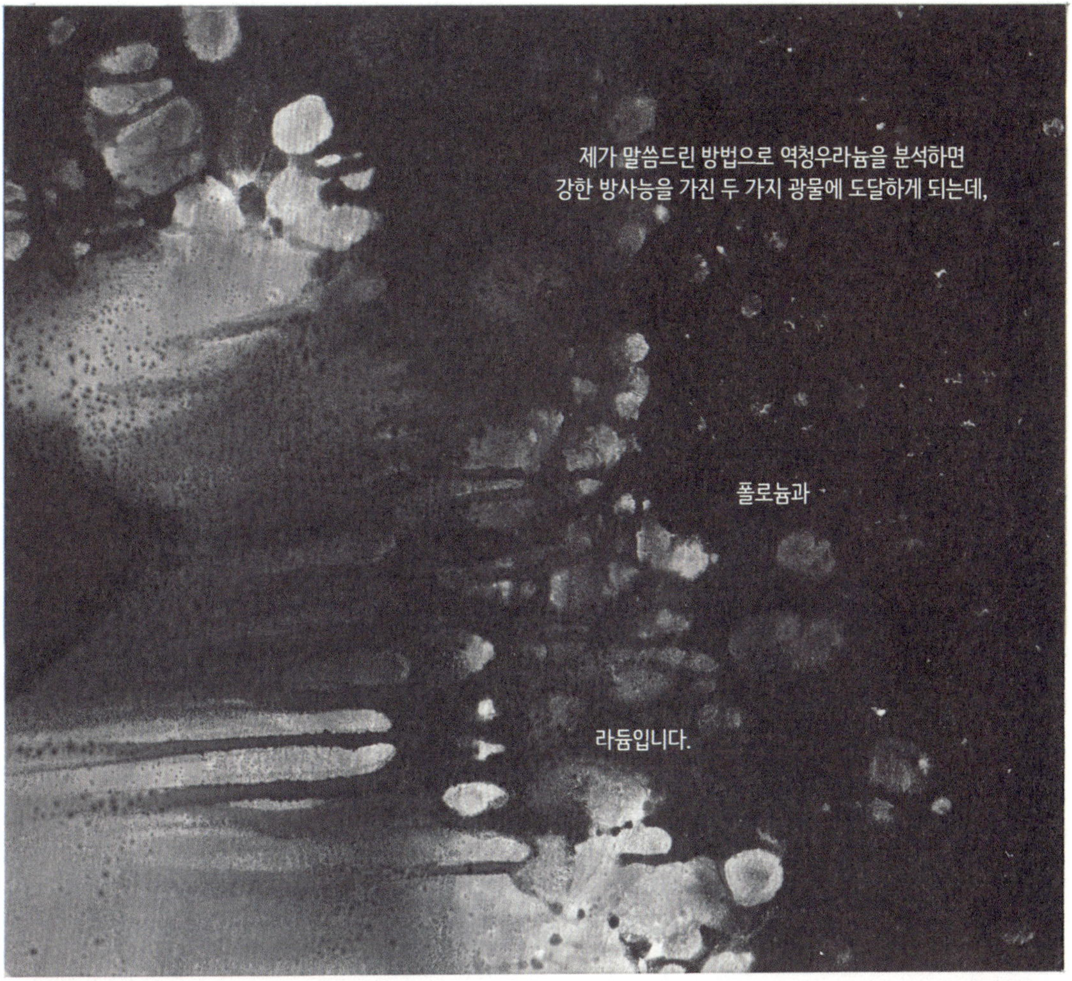
제가 말씀드린 방법으로 역청우라늄을 분석하면
강한 방사능을 가진 두 가지 광물에 도달하게 되는데,
폴로늄과
라듐입니다.

폴로늄!
쉬!
엄마가 발견한 거야!
폴로늄은 분석적 관점에서
비스무트와 유사합니다.

라듐은 라듐이 원소 변환하여
생성된 바륨과 같이 발견됩니다.
이것은 염화물의 용해도 차이를
이용해서 분리해 냅니다.
이들 방사성 물질들은 모두
역청우라늄 속에 극미량만 존재합니다.

좀 들어갈게요….
저 사람이 당신이 말하던 마리 퀴리야?
그래.
그런데 남편은 어디있어?
농축된 상태로 만들기 위해 우리는 몇 톤이나 되는
우라늄 광산 폐기물을 처리해야 했습니다.
공장에서 일련의 처리를 해 온 다음,
순수화와 농축의 전 과정이 뒤따랐습니다.
그리하여 수천 킬로그램의 원재료로부터
우리가 얻은 것은….

10분의 몇 그램
정도에 불과했죠.
놀랍게도 이것들은
원광물보다도
활성을 띠고 있었습니다.

이학박사
마리 퀴리를 위해
건배!!!
축하해요!
축하해요, 마리!
고마워요,
쟝!
당신의 미래는
당신이 발견한 물질들만큼이나
아름답게 빛날 겁니다.
이렇게 멋진 파티를 열어준
랑주뱅에게도 감사해요!
천만에요.
당신이 이룬 일들은
정말 놀라워요, 마리!
??
쨍그랑!
이런
제기랄!!!
흠.
실례하겠습니다….

무슨 일이야?
맙소사.
조심하랬잖아, 젠장!! 이게 얼마나 아름다운 수프 그릇인데!
죄송합니다!
용서해주세요.
죄송합니다.
쟌느, 무슨 일이오?
이 비명소리들은 다 뭐요?
이걸 보라고!
몸 둘 바를 모르겠네요.
당신 과학자 친구들 대접하려다 그릇들이 깨졌잖아, 엄마가 혼수로 해주신 건데!!
집에 있는 모든 사람들이 다 거슬려!!
쟌느, 일단 좀 진정하시오….
목소리도 좀 낮추고….
화 내지 마시오, 부탁이오.
오늘 하루만!
이 작자들은 언제 다 가는 거야?

작자들이
아니라
내
친구들이오.
하,
그래요?
지옥에나
가라고 해요.
요리는
끝장났으니.
쾅!

마리!
여기 잠시만요.
당신을 만나고
싶어 하는 분이 계세요.

파리 여행 중에
들리셨는데….
러더포드입니다.
만나서
반갑습니다.

축하드립니다.
흠 잡을 데 없는 강연이었습니다.
당신 연구에 정말 감탄했습니다.

감사합니다.
아실지 모르겠지만
저도 방사성 물질을 연구하고 있답니다.
물론
알고 있죠!
저와 피에르는 당신 논문을 모두 읽었답니다.
원소 변환이론에 관한 것도 포함해서요.
엄마!
그럼
거기에 대해 어떻게 생각하십니까?
글쎄요….
뭐가?
확신을 가지고 말하기는 좀 이르지만 흥미로운 건 확실해요.
벼놘이론이 뭐야?
원소 변환이론이란다, 이렌느.

이렌느에게 설명해 주시겠어요?
이렌느는 과학에 흥미가 많고 호기심이 왕성하답니다.
네 이름이 뭐니?
그렇군요.
대답해야지.
이렌느요.
라듐 원자는 수많은 작은 공들로 이루어져 있는데
그중에서 조그만 공 하나를 내놓는 거야.
그러면 아주 빠른 속도로 튀어 나가지.
튀어 나가는 공들은 전부 엄청난 에너지를 가지고 있어.
에너지?
그래.
열과 전기를 내는데… 이걸 방사능이라고 한단다.
그런데 그러고 나면 라듐 원자는 조금 가벼워지겠지.
당연하죠. 조그만 공을 잃어버렸으니까.
바로 그거야. 그리고 라듐이 공을 몇 개 잃고 나면

더 이상 라듐이
아니게 되는 거지.
다른 원소가 되는 거란다.
그게 바로 라돈인데
라듐보다 원자 무게가
조금 가벼운 원소야.
더 가벼워요?
그래, 그렇지만 라돈 역시
방사능을 가진단다. 알겠니?
라돈 또한 공을 쏘아 보내고
에너지를 방출해.
이런 식으로
시간이 지나게
되면
그렇게 변환되면
바로 폴로늄이
된단다.
폴로늄!
엄마가
발견한 거야!

조각이랑 에너지를 잃다가
지친 나머지
납으로 바뀌는데
그건 비활성이야.
즉, 더 이상
아무것도 방출하지
않는 거지.
오오!
불쌍해….
정원에 있는
아빠한테 가보렴,
어서.
보셨죠? 제가
납득시켰어요.
설명해주신 아저씨께
감사인사 드려야지, 이렌느.
완벽한 논리니까요!

그래요.
논리적인 건 좋지만
사실일까요?
먼저 복잡한 이론을 상상하고 실험이 이론에 들어맞기를 바라는 것 아닌가요?
부인!
당신이 방사능이라고 부르는 그것은
알파 입자들입니다.
변환 중인 원자로부터 기체 형태로 방출되는 거죠.
그리고
전 알파 입자에 대해 많은 실험을 했습니다.
수 개월, 수 년이 걸려서요.
결국 개수를 셀 수 있는 방법을 찾았습니다. 얼마나 많은지 아세요?
3.4에 10^{10}을 곱한 값입니다.
1그램의 라듐에서 1초 만에 나오는 겁니다.
아하!

그러고 나서
그 질량을 빼면
그럼 보세요,
이 경우
그 다음 변환 단계에 있는
원소의 질량을 계산할 수 있죠.
바로 라돈의
질량이 되죠!
맞아요,
하지만 증거가
없잖아요.
우리 실험에 의하면
방사능이 줄지 않고
그대로예요.
그리고 시료의 무게도
감소하지 않고요.
그렇지 않다는 걸
실험을 통해서
밝힐 겁니다.
그저 시간문제일
뿐이죠.
아, 당신
여기 있었군요.
그렇겠죠.
전 먼저
측정한 다음
말하겠어요.
퀴리 부인!
말해 주세요.
라듐이 대머리를 치료하고
길거리를 밝혀 줄 거란 게
사실인가요?
그건 좀
대담한 가설 같군요.

얘들아
와보렴.
싫어요.
이리 와.
지금은 어둡지.
뭘 하나
보여주마….
톡톡
우아!! 오오오!!!
미래의 빛이지!
그게 뭐예요?

우와!!
피에르!
유리시험관에 색을 입히기도 하지,
알겠니?
만져봐도
돼요?
물론이지!
피에르, 어서!
무슨
일인데?
맙소사!
마리가
실신했어!

얼굴이
백지장 같아!
맥박이 약하군.
요즘 자주 이러는데….
논문 때문일 거야.
식사는 제대로
하는 건가?

아뇨.
아마
저혈압인 것 같아.
논문
때문은 아니고.
무슨 말이야?
마리의
상태가 안
좋은 건
임신 중이기
때문이지!
피에르! 이 바보 같으니라고,
어쨌든 축하할 일이군!!!
여기
건배합시다.
여기,
마시자고.
건강을
위하여!

피에르와 마리를
축하하며!
곧 태어날
아기를 위해 건배!

이 일 때문에 마음이 너무 아파서
누구에게도 편지를 쓸 용기가 안 났어.

당연히 아기가 태어날 거라고
철석같이 믿었는데….

내가 몸을 너무 혹독하게 쓴 건 인정해.

내 몸은 걱정 없다고 굳게 믿었는데,
이렇게 비싼 대가를 치른
지금은 너무 후회스러워.
쉬잇!
지금은 안돼,
이렌느!!
엄….
몸은 좀
어떻소?
편지가 왔어요.
내가
열어볼까?

누구예요?
카를 아우리빌리우스,
스웨덴 한림원 사무총장이군.
어디 읽어봅시다.
음, 음.
우리가
노벨상을 타는 것 같네.
베크렐과
공동으로 말야.
?
스톡홀름에서 열리는
학회에 오라는군,
12월에.
12월이요?
어림도 없어요.
엄청 추울 거예요!
그리고 그때까지 회복할 수
있을지도 모르고.

그래요, 그렇게
회신을 보냅시다.
내년에는 기꺼이
스웨덴에
방문하겠다고.
아마도
부활절 쯤에.
당신은
아무 걱정 말고
쉬는 것만
생각해요.

르 쁘띠
신문입니다. 프랑스
시민 여러분!
놀라운 발견에 대해
스톡홀름에서 상을
준답니다.
여기요.
Le Petit Journal
SENSAZIONALE
SCOPERTA FRANCESE
PREMIATA A STOCCOLMA.
il laboratorio
특종 보도
스톡홀름에서 시상하는
프랑스인의 대발견
조수라고?
Mr. Pierre C
영예로운 수상자 피에르 퀴리의
아내이자 조수인 마리아
스크워도프스카 퀴리는…

여기 있어!
라듐의 발견자인 남편을 둔
퀴리 부인이 여태 소르본에서
뭐라고
쓰여 있어?
Perrin
독점 인터뷰라고
쓰여 있는데.
아무런 직위도 가지고 있지 않다는 사실은
믿을 수 없는 일이다. 다행히 위원회가 열려서
특별히 자리를 만들어 주기로 했다.
과연 이것이 공정한가?
난 인터뷰한 적이
없는데.
물론 이 연약한 여인은 감격에 차서 손을 내저으며 대답했다. 그렇다면 그녀는 교수에 임명되거나
과학아카데미의 회원이 될 자격이 있다고 생각하지 않는 것일까?
믿을 수가 없군.
그들은 네가 이렇게
대답했다고 해.
오, 아닙니다.
전 그저 한 여자일 뿐이에요.
제 유일한 기쁨은 제 남편의
연구를 돕는 거지요.
이건 거짓말이야!
신문사에
편지를 쓸 거야.

프랑스에 귀화한 폴란드 출신의
스크워도프스카 퀴리 부인은
남편의 헌신적인 과학적 조력자이고
그의 발견에 이름을 붙이는 데에도 관여했다.
그러나 한 여성이 엘리트 과학자 사회의
일원이자 아내와 어머니라는 복합적인
역할을 충실히 수행할 수 있을까?
가사노동이라는
여성의 전통적인 역할을 저버리고
이제까지 남성의 전유물이었던 과학 연구에
끼어들고자 하는 것인가?

일하는 여성은 필연적으로
집과 자녀들을 등한시할 수밖에
없을 것이다.
우리는 그것이 자녀들의 정서에 미칠
끔찍한 결과를 상상할 수 있다.
한 예로 어린 이렌느 양은 엄마가
노벨상을 타는 동안 외로움 속에서
혼자 식사를 할 수밖에 없었던 것이다.
엄만 더 이상
날 사랑하지 않아!

어쩜
이럴 수가 있지?
이런 이야기가
과학아카데미에 들어가기
위해서 필요할까?
첫!
제멋대로 과장한 걸
마치 사실인양
늘어놓다니….
그들은 내가 없을 때
집에 왔어.
내가 필요한 건 단지
쓸 만한 실험실 하나뿐인데!
그치만
피에르,
잘 생각해
보게.
아카데미 회원
칭호를 얻으면
많은 이점이
있지.
실험실을 위한
연구기금도
포함해서 말일세.
그걸 가벼이
여기지 말게.
하….
난 이런 사회구조를
도무지
이해할 수가
없어.
이 모든 책략들은…

이익에 눈 먼
파워게임이야.
난 그저 연구가
하고 싶을 뿐인데.

마리?
오!
정말
아름답구려!

잘 맞나요?
아주 좋소!
그치만 이건 어리석은 짓이에요.
왜?
이건 눈을 위해 머리를 희생하는 거예요.
이 멍청한 드레스를 위해서라니, 불합리해!
이번 한 번만 넘어갑시다.
당신한테 정말 잘 어울려!
흠.
좋아요.
준비 됐소?
예.
당신은요?
긴장돼요?
이렌느?
옷 다 입었니?
가자!

1905년, 파리
과학아카데미

식이 끝나고 우리는 좀 더 큰 집으로
이사했죠. 정원이 딸린 집으로.
우리는 그해 봄 스웨덴에 가지 않았죠.
당신이 근육통과 류머티즘, 신경쇠약을 앓았으니까….
의사들은 그렇게 말했지만 그들도 잘 몰랐을 거예요.
당신은 움직이고 일하는 데 어려움을 겪었어요.

스웨덴에는 그 다음 해에 갔어요.
당신 건강이 조금 나아졌을 때 말예요.

6월이었어요.
얼마나 아름다웠는지 기억해요?
백야의 빛과
근사한 보트까지….
난 다시 임신했었죠.

이번엔 모든 게 순조로웠어요.

에브가 태어나면서
모든 나쁜 기억들을 떨쳐낼 수 있었어요.

그 여름을 노르망디에서 보낼 때,
폴란드에서 언니가 애들을 데리고 왔었죠.

기억해요, 피에르?
우리 일식을 봤잖아요….
당신이 애들을 위해
태양관측용 유리판을 가져왔고
애들은 열광했죠.

정말 행복했어요.
난 그 어떤 것도 우리를
방해하지 못할 거라고 확신했어요.
그리고 역에서
작별인사를 나눴죠.

피에르.

나의 피에르.

울어도 울어도
눈물이 마르지 않아요.

1909년, 파리
난 더 이상 사람들과
교제를 할 수 있는 상태가 아니에요.

가깝게 지내던 친구들도
일이나 과학 연구, 애들 교육 문제가
아니면 만나지 않아요.

아무도 날 찾으러 오지 않고
나도 아무도 만나지 않아요.

실험실 사람들 중에 몇몇은
내가 살갑게 대하지 않아서 언짢아하고요.

피에르, 그들이 내게
당신 자리를 제의했고
난 수락했어요.
BOUQINS

몇몇 바보들은 심지어 나를
축하하기까지 하지 뭐예요.

내가 소르본대학의 교수가 된 걸
당신은 좋아했겠지만
그건 당신 자리예요, 피에르.
이보다 더 잔인한 일을
상상이나 할 수 있나요?

살아갈 힘이 다 빠져나간 것 같은
느낌이 들어요.
난 더 이상 내 안에서
아무런 활력도, 젊은 열정도
느끼지 못하겠어요.
어떤 기쁨도 즐거움도
느낄 수 없답니다.
내일이면 난 39살인데,
내가 시작한 일을 일부라도
매듭지으려면 남아 있는 시간이
너무 적은 것 같아요.

한번 잠이 들고
다시는 깨지 않으면
얼마나 달콤할까.
우리 애들은
얼마나 어린지,
난 왜 이리 피곤한지….
마리?

오,
마르게리뜨.
잘
지내?
여기서 혼자 뭐
하고 있어?
??
그….
안색이
창백한데.
기분은
괜찮아?
아무 것도
아니야.
그냥… 집으로
가던 중이었어.
바래다줄게.
아니,
괜찮아.
맘에도 없는
소리 마! 길에 날
세워두고!
아니야,
마르게리뜨.
정말로.
혼자 갈게,
고마워.
그치만!
마음은 고맙지만 지금은
네가 내게 해줄 수 있는 게
아무것도 없어.
아!
….

이 경우 A에 있는 각 원소는 B의 원소가 되어야 하고 그 역도 마찬가지란다.
서걱
서걱
서걱
서걱
B가 4로 나누어지는 숫자들의 집합일 경우에 말이지.
기억하지?
음.
네.
네, 네.
?

이게 바로
위대한
집합론이란다.
오늘은
여기까지 하자.
안녕, 마리!
엄마!
안녕, 폴.
얘들아
안녕.
일어나기
전에 공책을
넣어야지,
이렌느.
안녕하세요.
안녕하세요.
안녕하세요!
안녕하세요,
선생님.
물리 수업하기 전에
햇빛이 잘 드는 안뜰로 나갑시다!
네!
네!
야호!

어떻게 지내요, 마리?
피곤해요, 폴. 기운이 없네요.
뭐라도 하고 싶은데….
당신은요?
마르게리뜨 보렐이 당신을 만난 이야기를 하더군요.
오늘 저녁에 그녀 집에 다 모일 거예요.
쟝 페렝도 올 거예요.
함께 가면 어때요?
일어나!
모두 운동장으로 가는 거야, 마쉬!
안녕하세요. 선생님!

모르겠어요, 폴.
솔직히 사람들과 같이 있고 싶지 않아요.

그렇지만,
마리!
혼자 있고 싶은 마음은
충분히 이해하지만
잠시라도
우리랑 같이 있으면
나아질 거예요.
우린 당신
친구잖아요.
이런 일을 위해
우리가 있는 거죠.
흠….
어쩌면 당신이
옳을지도 몰라요.
그럼
오는 거죠?
그러죠.
그렇지만 잠깐만
있을 거예요.
좋아요!

마리.
드레스가
정말 예뻐요!

친애하는 폴,
어제는 밤새도록
당신을 생각하며 우리가 같이 지낸
시간을 떠올렸어요.

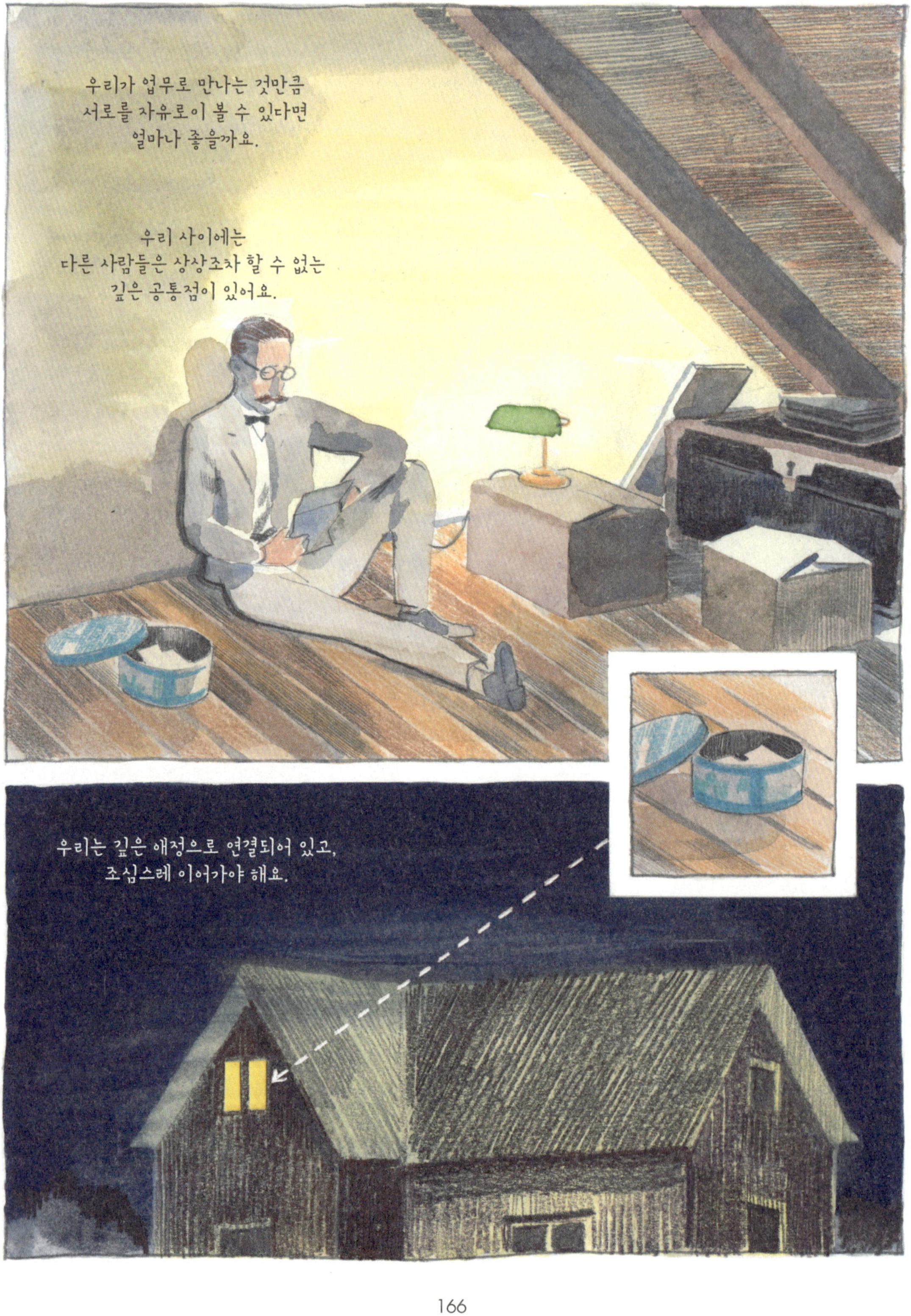
우리가 업무로 만나는 것만큼
서로를 자유로이 볼 수 있다면
얼마나 좋을까요.
우리 사이에는
다른 사람들은 상상조차 할 수 없는
깊은 공통점이 있어요.
우리는 깊은 애정으로 연결되어 있고,
조심스레 이어가야 해요.

이 돼지야!!

당신이 어떻게
이럴 수가 있어?
역겨워!
사악한 루마니아 마녀라니!!
폴란드 여자요.
그 편지들을
어떻게
찾아낸 거요?

이것들 중에 하나만 알려져도
파리 사람 모두가
침을 뱉을
추문이 될 거야.
그 편지들을
돌려주구려.
아이고!!
그건 과학적 서신이요!!
당신을 부숴버릴 거야!!

당신이 한 짓을 봐!
불쌍한 내 아기들,
저런 돼지 같은
아빠는 애인이
생겼단다.

폴!
하나님, 맙소사.
무슨 일이에요?
안녕 에밀, 마르게리뜨….
장, 헨리에뜨. 자네들도 여기 있었군.
그녀가 마리를 죽여 버리겠다고 협박한 게 사실이야?
응, 그러고도 남을 여자지.
뭐?
!!?

이럴 순
없어….
그녀와 결혼한 건
정말 큰 실수였어….
이혼을 수천 번이나
생각했었는데,
그렇지만
애들이….
유감이지만,
자네들이 고함지르고
접시를 던지는 걸 보면서
애들이 잘 클 수 있다고
생각하나?
어떤 이유로?
그런 환경에서는
아이가 행복할 수
없네.
그럼 난
어떻게 해야 하지?

잔느가 편지를
갖고 있어.
신문사에
보내겠다고
협박하고 있다고.
그녀는 내가 조건 없이
양육권을 포기하길 원해.
양육비로
천 프랑도 지급하고.
마리에 대한 조건도 있어….
지금 협박하는 거야?
마리가 반드시
프랑스를 떠나야 한대.
폴란드로
돌아가라고.
뭐?
폴란드라니?
그리고 딸들은
프랑스 사람이라고!
그녀의 인생이
여기 있는데
여러분!
정리해보자고요.

요즘 프랑스에
애인 없는 남편이
어디 있나요?
아내들은 그저 말없이
침묵을 지키고 있지요.
하지만 중요한 사실은
마리가 오랫동안
과학연구에 전념해왔고
앞으로의 포부도
크다는 겁니다.
그런 마리는
남성 위주의 사회에서
걸림돌이죠.

애들을 교섭카드로 쓰다니….
쯧!
그건 비열한 짓이야!
그러니까요!
하지만 사람들이 뭐라고 할까요?
오, 눈물 젖은 불쌍한 어머니. 난롯가에 앉아 빈 집을 지키며…
남편이 집으로 돌아오기만 한다면 모든 잘못을 용서할 준비가 되어 있죠.
그녀에게 가장 소중한 존재인 사랑하는 자식들에
상처주지 않기 위해서요.

이게 바로
완벽한 프랑스 여인상이죠.
반면 마리는 검은 양 같은 존재예요. 남성이 가질 법한 포부를 가지고 있죠.
….
화가 나.
이런 빌어먹을 말들이 날 화나게 해. 이 정신상태 하며… 원시인들!
중세시대로
역행하고 있어.
진정해요, 마르게리뜨.
맹목적인 위선자들!
….

합의 본 건 내가 그녀를
더 이상 만나지 않는다면
편지를 공개하지
않겠다는 거야.
단,
단?
브뤼셀에서
열리는
솔베이 학회는
괜찮대.
거긴 우리 둘 다
초대받았거든.
맞아, 그건
일 때문이잖아.

1911년, 브뤼셀

퀴리 부인은
노벨상을 수상했고 파리의 라듐 연구소를 설립했으며
METROPOLE
라듐을 최초로 분리해내고 그것의 원자량을 알아냈습니다.

이에 본 위원회가 결정한 바,
그녀로 하여금
국제 방사능 단위의 표준을
설정할 것을 요청했습니다.
피에르를 기려서 이것을
퀴리라고 부를 것입니다.

그가 떠난 지
7년이 흘렀군요.

축하합니다.
부인.
만날 수도 없고
일을 할 수도 없고
당신이 계신 곳에서
같이 숨을 쉴 수도 없군요.
파괴적인 힘이 당신 가족을
지배하고 있어요.

쟌느는 폭력을 사용하고
당신을 조종하는 데 너무 익숙해져서
본인이 자식들에게 어떤 해를 끼치고
있는지조차 몰라요.
그녀는 별거를 쉽게
받아들이지 않을 거예요.
그건 그녀에게 손해예요.
그녀는 항상 당신을 착취하면서
살았으니까.

그녀가 기습적으로
다시 아이를 가지기라도 한다면
난 견딜 수 없을 거예요.
당신은 이 모든 것을 조심해야 해요.
우리가 함께할 날을
손꼽아 기다리고 있어요.
당신을 향한 제 기다림이
너무 길지는 않았으면 해요.

LE JOURNAL
사랑의 도피 퀴리 부인과 랑주뱅 교수
눈물 젖은 아내의 탄식
“그녀는 우리 가족을 파괴했어요.”
열차에서 클로로포름
절도가 횡행하다
진실은 퀴리 부인이 의도적이고 체계적이고 과학적으로, 악의적 수단을 동원하여 망설이는 한 가족의 아버지를 부인으로부터 뺏고 그 부인은 자식들로부터 떼어 놓고자 한 것이다. 이 모든 것이 편지에서 밝혀졌다.
이 폴란드 여성은 행복과 개인적 성취를 추구할 권리를 주장한다. 그러나 그것이 가장 신성한 관습에 반할 때도 행복이라 할 수 있는가?

어서 오너라!
오, 에브! 이렇게나 컸구나!
마리네 집 앞에 성난 군중들이 몰려 있어서요.
끔찍했어요.

어딨어?
아, 여기 있네요! 여섯 번째 장에.
널리 알려진 최근의 불행한 사태로 인해 극도로 약화된 퀴리 부인에게 스톡홀름으로부터 축하할 만한 소식이 전해졌다.
오, 마리!
또 다른 노벨상이야, 축하해!
이 소식이 지난 몇 달간의 모든 추문을 상쇄할 거야.
고마워, 그렇지만 과연 그럴지⋯.
상황이 잠잠해질 때까지 여기 우리랑 같이 있도록 해.
마르게리뜨, 에밀,
난⋯ 너희들에게 폐 끼치고 싶지 않은데.
그런 소리 하지 마!
우리는 친구로서 널 지킬 거야.

피에르?

마리!
당신에게 말할 게 있소.
멋진 실험을 하나 했소. 당신도 잘 아는 브롬화 라듐 말이오….
진공에서 석 달 동안 놔뒀더니 자발적으로 가스를 내뿜지 않았소?
그건 헬륨이오.
검사해 봤는데 정확히는 헬륨이오.
정말이에요?
그럼.
러더포드 기억하지?
그가 옳았소.
방사능은 기체야. 원자 변환의 산물이지.
다만 그게 대단히 느린 과정이라 질량 감소를 알아차릴 수 없었던 거요.
우린 결코 그걸 알아차리지 못했지.

그러니까…
그가 옳았던
거군요?
그래요.
당신이랑
이야기 하는 게
그리워요,
피에르.

1936년 현재, 파리

마르게리뜨와 에밀이 엄마를 자신의 집에 데려온 걸 알고 마르게리뜨의 아버지가 아주 불같이 화를 냈지요.
마르게리뜨의 아버지는 에꼴노르말의 학장이셨어요.
오!
그녀는 명예가 실추됐어.
더 이상 여기 있을 수 없다.
폴란드에 교수 자리와 실험실을 마련해뒀다.
우리는 그녀에게 떠나라고 설득할 거야.
아빤 위선자예요!!!

스웨덴에도 편지의 사본이 도착했어요.

이것들이 사실입니까? 믿을 수가 없군요.
하지만 신빙성이 있어 보이네요.
어쨌든 당신 상황이 명확해지기 전에는
수상을 잠시 미루는 게 좋겠습니다.

아우리빌리우스가 그렇게 썼어요.

그렇지만 엄마는 기어이
스톡홀름으로 갔어요.

노벨상은 제 과학적 업적에 대한 것입니다. 제 사생활과는 아무런 관련이 없습니다.
이것이 엄마의 대답이었죠.
스웨덴에서 돌아온 지 며칠 지나지 않아 입원하게 됐지요.
많이 편찮으셨어요.
신장이 좋지 않았죠. 수술도 여러 차례 했고요. 의사들은 빈혈이라고 하더군요.
….
설명할 수 없는 만성 빈혈증이라고요. 회복하는 데 거의 2년이 걸렸죠.
랑주뱅과는요?

그들은 일에서는 모호하지만
우호적인 관계를 유지했어요.

동시에 아주 멀리
떨어져 있었죠.

그는 결국 아내에게로
돌아갔답니다.

그러고 나서는요?

몇 년 후에 그에겐
또 다른 애인이 생겼죠.

저런!

비서였죠.

부인 잔느도
그걸 알았나요?

확실히요.

안타까운
일이에요.
아버지가 돌아가신 후
어머니가 행복할 수도
있었을 텐데.
그러고 나서
….

전쟁이 났지요.
추문은 옛일이 되어
아무도 신경 쓰지 않았고요.
엄마는 전쟁터에서 부상을 입은
군인들의 목숨을 구했어요.
이동 방사능 장비를 다루는
부대를 만들었고,
수천 명의 간호사들을 훈련시켜
부상자들의 엑스레이를 찍어주었죠.

저도 여기
있어요.
그럼
나는?
넌 폴란드인
가정교사랑
영국에 있었지.
너무
어렸으니까.
아!
와…!
정말 인상 깊은
이야기군요.

이런!
엄마랑 같이
미국으로 가서
라듐 1그램을 받았던
이야길 할 시간은
없겠네요.
응, 그거
내가
이야기했지.
하딩
대통령으로부터
직접 받았다고.
가족에 관한 이야기가
끝이 없네요.
언젠가
다 듣고
싶군요.
이야기 다
듣기도 전에 지쳐
나가떨어질걸요.
그럼 우리는
나가볼게.
안녕히
계십시오,
마담 이렌느.
에브, 목선이
예쁘구나.
가요!
재미있게
놀아.

엄마의 원인 모를 빈혈은
방사능 때문이었다.
지금은 그걸 알고 있다.

라듐이 피부에 화상을 입힌다는 건
부모님도 알고 계셨다.

하지만 그 누가 상상이나 했을까,
그렇게나 심각한 생리적 영향이 있을 거라고.
그 후에 일어날 일을
누군들 알 수 있었을까?

모든 것에 감사해요, 엄마.
고마워요, 아빠.

지금 여기
두 분이
계시면
얼마나
좋을까요.
A_MILANI'17

감사의 글

이 작품이 과학적으로 정확하도록 핵물리학의 기본 개념을 이해하는 데 도움을 준 과학적 조언자이자 나의 부모님인 안나 노빌리와 안드레아 밀라니에게 감사드리고 싶다. 뢴트겐과 그의 부인의 일화를 번역해준 알리체 소칼과 이 작품에 대한 의견을 준 로렌초 게티와 마테오 루페티에게 감사드린다. 마리가 꿈속에서 피에르와 대화를 나누는 장면뿐만 아니라 소중한 조언을 아끼지 않은 미켈라 오시모에게도 감사를 전한다. 비록 경비 지출에 인색하지만 최고의 대리인인 알렉산드로 스파다에게 온 마음을 다해 감사드린다.

마리의 유산

알베르토 안셀미 · 안드레아 밀라니 · 안나 노빌리

파리의 울름 가(街)에는 파리대학교와 파스퇴르 연구소의 주도하에 마리 퀴리가 1911년에서 1914년 사이에 설립한 라듐 연구소가 있다. 조그마한 정원으로 나뉜 두 개의 건물이 있는데, 하나는 물리와 화학 연구를 주로 하는 퀴리관이고 다른 하나는 의학과 응용생물학을 주로 연구하는 파스퇴르관이다. 마리는 자신의 능력으로 (그리고 두 개의 노벨상을 수상하면서 얻은 명성으로) 마침내 실험실을 가지게 되었고 1934년 죽을 때까지 소장을 역임했다.

두 연구소는 마리가 발견한 방대한 유산을 모두 포함하고 있다. 의학관은 이미 암 치료에서 전망이 밝았던 방사능요법이 성공한 결과물이라고 할 수 있다. 그곳에서 큰 딸 이렌느와 함께 방사선 전문 간호사를 위한 과정을 가르쳤다. 현재는 이 자리에 8층 규모의 종합병원이 들어서 있다. 물리화학관은 이렌느와 프레데릭 졸리오-퀴리가 인공 방사능을 연구한 곳이기도 하다. 그들은 그 공로를 인정받아 1935년에 노벨상을 수상했다.

마리와 피에르 부부는 방사성 물질과 원소의 자연적 핵변환의 발견에 주된 기여를 했고, 이어서 이렌느와 프레데릭은 인공적으로 유도된 핵변환의 가능성을 보여주었다. 새로운 발견을 이해하는 열쇠는 1932년 영국의 제임스 채드윅의 중성자 발견이었다. 중성자는 전하를 가지지 않기 때문에 원자 깊숙이 뚫고 들어가 원자핵과 충돌할 수 있다. 이 중성자가 복사선을 방출하면서 핵에 흡수되면 다른 종류의 원소의 핵자가 생성된다.

중성자 조사(照射)에 의한 인위적 핵변환에 최초로 성공한 사람은 이탈리아의 엔리코 페르미였다. 그는 로마의 파니스페르나 가(街)에 위치한 로마물리학 연구소의 핵물리학 연구진을 대표하는 과학자였다. 1934년부터 페르미와 동료들은 중성자를 여러 원소의 핵에 충돌시켰다. 핵들은 다시 입자들을 방출했고 다른 원소의 핵으로 변환했으며 많은 경우 이들은 방사능을 띠었다. 페르미는 자연계에 존재하는 가장 무거운 원소인 우라늄에 대해서도 같은 실험을 했고 그 결과로, 보다 무거운 새 원소 '트랜스우라늄'을 만들어냈다고 생각했다. 의문의 여지는 있었지만 이것이 당시 지배적인 해석이었다.

핵변환에 대한 동일한 실험을 파리에서는 졸리오-퀴리가, 베를린에서는 리제 마이트너와 오토 한이 하고 있었다. 이 작은 과학자 그룹의 역사는 제2차 세계대전과 반유대주의의 비극과 얽혀 있다. 로마 그룹도 그룹 내의 유태인들이 인종적 박해로 인해 해외로 피신하도록 내몰렸고 결국 뿔뿔이 흩어져 버렸다. 아내가 유태인이었던 페르미는 1938년 12월 스톡홀름에서의 노벨상 수상을 빌미로 그의 가족을 데리고 미국으로 이주했다.

오스트리아 유태인 리제 마이트너는 비엔나에서 어렵사리 물리를 공부했는데 그때는 여성의 대학입학이 허용되지 않았기 때문이다. 그럼에도 그녀는 오스트리아에서 물리학으로 박사학위를 받은 첫 여성이 되었다. 그녀는 베를린으로 거처를 옮겨 재능 있는 화학자 오토 한을 만났고, 이후 30년 동안 공동 연구 관계를 지속하면서, 그의 화학 실험에 대한 물리적 해석을 제공했다. 1938년 히틀러가 오스트리아를 병합했을 때 오스트리아 국적이었던 그녀는 한과 많은 동료 과학자들의 도움을 받아 스웨덴으로 탈출할 수 있었다. 한과 마이트너는 파리와 로마 그룹과 같은 실험을 하였고 그들 역시 자신들이 트랜스우라늄을 연구하고 있다고 믿었다. 그러나 1938년 말 이렌느 졸리오-퀴리가 발표한 실험에 자극받은 한은 중성자가 우라늄에 부딪혀서 생긴 생성물은 바륨으로, 그 원자량이 우라늄의 절반인 원소라는 것을 밝혔다. 이것은 핵분열이 실험적으로 검증된 최초의 사례였다. 오토 한은 실험결과를 즉시 스톡홀름에 있던 마이트너에게 알렸다. 그녀는 또 다른 훌륭한 이론 물리학자였던 조카 오토 프리쉬와 함께 반응을 설명하는 '핵자의 물방울 모델'을 만들었다. 이 모델은 통상의 화학반응에서 나오는 에너지보다 훨씬 큰 에너지가 방출되리라 예측했고, 얼마 지나지 않아 유럽과 미국에서 실험을 통해 검증되었다. 이제 핵분열을 의심하는 사람은 아무도 없었다. 몇 년이 지난 1945년, 오토 한은 이 연구로 노벨화학상을 수상했다. 닐스 보어를 비롯한 많은 영향력 있는 과학자들이 마이트너와 프리쉬가 공동으로 노벨물리학상을 수상해야 한다고 청원했지만 받아들여지지 않았다.

한편 프레데릭 졸리오-퀴리는 에너지 방출 과정에 우라늄 전체가 관여하여 거시적인 현상이 되게 하는 연쇄반응을 제시했다. 제2차 세계대전이 시작될 무렵, 갑자기 몇 달 이내에, 핵에너지를 생산하는 데는 제어된 연쇄반응과 거대한 폭발의 두 가지 가능한 방법이 있다는 것을 많은 국가의 핵 과학자들이 분명히 알게 되었다.

1939년 8월 2일, 레오 실라드의 요청을 받은 아인슈타인은 루즈벨트 대통령에게 편지를 보내, 프랑스의 졸리오와 미국의 실라드와 페르미가 개발한 연쇄반응을 이용하면 엄청난 위력을 가진 폭탄을 만들 수 있으며, 독일에서도 이와 비슷한 폭탄 개발이 가능함을 경고했다. 1942년 미국 행정부는 긴 논의 끝에 맨해튼 프로젝트에서 집중적으로 핵분열 연구를 수행할 것을 결정했다. 그동안 독일 나치도 핵개발을 진행하여, 일부 정보통에 의하면, 소규모 핵폭발 실험에 성공하였다. 그러나 유럽에서의 전황을 바꾸기에는 너무 늦은 것이었다. 1945년 7월에는 뉴멕시코의 사막에서 실제 원자폭탄의 첫 번째 실험이 진행되었다. 실라드를 비롯하여 맨해튼 프로젝트에 참여한 70명의 과학자들이 민간인에게 원자폭탄을 사용하지 말 것을 청원했음에도 불구하고, 트루먼 대통령은 독일의 동맹, 일본의 항복을 받아내기 위해 8월 6일에 히로시마에 원자폭탄을 투하할 것을 명령했다. 그리고 72시간 후인 1945년 8월 9일에는 더 위력적인 두 번째 폭탄이 나가사키에 투하되었다. 8월 15일 일왕 히로히토는 항복을 선언했다.

많은 유럽의 과학자들이 미국으로 건너가 원자력 연구와 맨해튼 프로젝트에 활발하게 참여하는 동안 파리에서는 졸리오-퀴리 부부가 연쇄반응과 핵반응로 연구를 계속하고 있었다. 1940년 나치가 프랑스를 침공했을 때 문서와 장비를 영국에 보낸 후 연구는 중단되었다. 프레데릭은 레지스탕스 활동에 헌신했고

전쟁 이후에는 프랑스 원자력 에너지부의 고등판무관으로서 1950년 정치적 이유로 사임할 때까지 프랑스의 첫 원자로 건설을 지휘했다.

전쟁은 끝났고, 페르미, 이렌느, 아인슈타인 같은 많은 주역 과학자들이 1954년과 1956년 사이에 사망했다. 소련, 영국, 프랑스, 중국 또한 공개적으로 독자적인 핵무장을 하게 되었다. 1970년의 핵확산 금지 조약(NPT) 발효 이후에도 인도, 파키스탄, 북한이 핵무장을 했으며 이스라엘 또한 비밀리에 핵무기를 가지고 있다.

퀴리 가족의 이야기가 흥미로운 것은 그들의 비범함과 과학적 업적 때문만은 아니다. 그들의 놀라운 발견들은 우리 삶과 맞닿아 있다. 에너지를 생산하는 발전소부터 과학의 수행방식을 바꿔놓은 대규모 연구센터에 이르기까지 핵물리학은 쉼 없이 진보해왔다. 핵물리학의 군사적 발전은 제2차 세계대전에서 결정적이었을 뿐만 아니라, 여전히 거대한 바위로서 국제 정치를 짓누르고 있다. 정확한 시기를 단언할 수 없지만, 핵물리학은 앞으로도 오랜 세월 인류에 막대한 영향을 끼칠 것이다.

알베르토 안셀미 1953년 제노바에서 태어났다. 1977년 토리노에서 물리학으로 학위를 받은 다음 유럽의 대형 우주 산업체인 탈레스 알레니아 스페이스에서 근무하고 있다. 천체물리학, 지상중력계측, 행성 탐사와 기본 물리학 연구를 위한 위성 업무를 담당하고 있다.

안드레아 밀라니 1948년 피렌체에서 태어났다. 피사대학교에서 수학을 가르쳤으며, 천체 중에서도 소행성 궤도를 연구하였다. 안타깝게도 2018년 생을 마감하였다.

안나 노빌리 1949년 리에티 주의 한 마을에서 태어났다. 피사대학교의 물리학 교수이며 정밀 우주실험을 하고 있다. 그녀는 피사고등보통학교(La Scuola Normale Superiore di Pisa)에서 물리를 전공한 최초의 여성 중 한 명이다.

참고문헌 및 문서자료

마리 퀴리에 관한 무수한 자료를 여기서 다 나열할 필요는 없을 것이다. 수잔 퀸(Susan Quinn)의 『마리 퀴리, 그 생애(Marie Curie: a life)』(1995)가 가장 신뢰할 만하다고 판단해 대부분의 정보를 이 책으로부터 얻었다. 작은 딸 에브 퀴리의 전기 『퀴리 부인』(1937)과 마리가 자신의 인생과 남편에 대해 회고한 자서전 『피에르 퀴리』(1923)에서도 많은 도움을 받았다.

과학문헌으로는 앙리 베크렐(1903), 피에르 퀴리(1905), 어니스트 러더포드(1908), 마리 퀴리(1911)의 노벨상 수상 연설과 프랑스 과학아카데미 학회지, 그리고 마리 퀴리의 박사학위논문을 참고하였다.

모리스 셰이모스(Morris Shamos)의 저서 『위대한 물리 실험들(Great Experiments in Physics)』(1959)도 도움이 되었다. 특히 X선에 관한 장, 뢴트겐과 자연방사능에 관한 장, 앙리 베크렐에 관한 장이 유용했다. 피에르와 마리가 라듐을 발견한 즈음에 썼던 연구노트를 J.P. 아들로프가 분석한 기사 또한 많은 도움이 되었다.

제1차 세계대전 중 방사능기계를 사용한 이야기는 마리 퀴리의 저서 『방사선과 전쟁(La radiologie et la guerre)』(1921)을 참고하였다.

주석

18~22쪽: 1888년 3월과 1887년 5월에 마리가 조지오에게 보낸 편지들에서 인용. 에브 퀴리, 『퀴리 부인』(1937).

22쪽: 1890년 3월 브로냐가 마리에게 보낸 편지. 에브 퀴리, 『퀴리 부인』(1937).

26~28쪽: 앙리 푸앵카레, 『천문 역학의 새로운 방법(Methodes Nouvelles de la Mechanique Celeste)』(1892-1899).

53~56쪽: 1894년 8월과 9월에 피에르가 마리에게 보낸 편지들에서 인용. 수잔 퀸, 『마리 퀴리, 그 생애』(1995).

63, 65쪽: 앙리 베크렐, 「형광에 의해 방출된 방사선에 관하여」, 「형광체에 의해 방출된 보이지 않는 방사선에 관하여」, 과학아카데미보고서(Comptes Rendus de l'Académie des Sciences), 1896년 2월 24일, pp.420-421, 1896년 3월 1일, pp.501-502.

72~74쪽: 마리가 개발한 측정도구에 대해서는 J.P. 아들로프의 「피에르와 마리의 연구노트와 폴로늄과 라듐의 발견」(1999년 체코 물리학 저널 게재)을 참고했으며, 텍스트는 주로 마리 퀴리가 1903년 6월 파리과학대학에서 발표한 박사학위논문 「방사성 물질에 관한 연구(Recherches sur les substances radioactives)」에서 인용.

81~82쪽: 마리 퀴리, 「우라늄과 토륨 화합물에 의해 방출되는 방사선(Rayons émis par les composés de l'uranium et du thorium)」, 과학아카데미보고서(Comptes Rendus de l'Académie des Sciences), 1898년 4월 12일, pp.1101-1103.

93~100쪽: 마리 퀴리, 박사학위논문 「방사성 물질에 관한 연구(Recherches sur les substances radioactives)」, 1903년 6월.

106~110쪽: 러더포드의 언급은 1908년 12월의 노벨상 수상 연설 "방사성 물질에서 나오는 알파 입자의 화학적 성질(The chemical nature of the alpha particles from radioactive substances)"에서 인용.

110쪽: 마리의 언급은 다음 논문 참고. 피에르 퀴리와 마리 퀴리, 「방사성 물체에 관하여(Sur les corps radioactifs)」, 과학아카데미보고서(Comptes Rendus de l'Académie des Sciences), 1902년 1월 13일, p.85.

148~154쪽: 1907년 피에르의 죽음 후 쓴 마리의 일기. 수잔 퀸, 『마리 퀴리, 그 생애』(1995).

165~166쪽, 182~183쪽: 폴 랑주뱅에게 보낸 마리의 편지(1911년 11월 23일 타블로이드 신문 L'Oeuvre에 공개). 수잔 퀸, 『마리 퀴리, 그 생애』(1995).

189쪽: 피에르의 언급은 다음 논문 참고. 피에르 퀴리, J. 듀어(J. Dewar), 「브롬화 라듐에 의해 흡장되거나 방출된 기체의 조사(Examen des gaz occlus ou dégagés par le bromure de radium)」, 과학아카데미보고서(Comptes Rendus de l'Académie des Sciences), 1904년 1월 25일, p.190.

칠흑에서 가장 찬란한 빛으로

마리 퀴리

지은이 | 알리체 밀라니
옮긴이 | 박종순
펴낸이 | 조승식

펴낸곳 | BH balance & harmony
등록 | 1998년 7월 28일 제22-457호
주소 | 서울시 강북구 한천로 153길 17
전화 | 02-994-0071
팩스 | 02-994-0073
이메일 | bookshill@bookshill.com
홈페이지 | www.bookshill.com

2019년 4월 10일 1판 1쇄 인쇄
2019년 4월 15일 1판 1쇄 발행

ISBN 979-11-5971-188-6
정가 15,000원

BH balance & harmony는 (주)도서출판 북스힐의 그래픽 노블 임프린트입니다.
* 잘못된 책은 구입하신 서점에서 교환해 드립니다.

una tecnica nota in fisica è quella di fare "una misura di zero": si trova il modo di azzerare la grandezza fisica da misurare lo strumento dovrà semplicemente segnare zero, e se poi sono in grado di misurare la grandezza per che produce tale azzeramento, il gioco è fatto.

NOTA: In realtà un vero esperimento di zero consiste nel misurare la differenza tra due quantità grandi quando la quantità fisica di interesse è proprio la differenza, cioè la quantità piccola. In questi casi misurare direttamente la differenza (piccola) è molto meglio che misurare le due quantità (grandi) e fare la differenza. Questo presuppone che la quantità di interesse fisico sia proprio la differenza, e per questi "esperimenti di zero" sono noti per essere i più precisi in fisica.

Il caso di Marie Curie era diverso, perché lei doveva misurare proprio la quantità "grande", che però era comunque debole rispetto alla sensibilità dello strumento (elettrometro) che aveva a disposizione. Cercare di leggere ciò che segnava l'elettrometro (probabilmente quello a quadranti che avevano usato anche Jacques e Pierre Curie) in risposta ad una debole corrente era difficile (grande errore). Era più semplice cercare di mantenere l'ago sempre sullo zero e osservare (credo che a questo servisse il tubo che si vede nella foto) che restasse in quella posizione. È cruciale però che lo strumento che genera la corrente opposta

TENTARE
O